安徽省土木建筑学会标准

特细砂混凝土应用技术规程

Technical specification for application of super – fine sand concrete

T/CASA 0007—2022

合肥工业大学出版社

2022 合肥

安徽省土木建筑学会文件

皖建学字〔2022〕13号

关于批准《特细砂混凝土应用技术规程》为
安徽省土木建筑学会工程建设团体标准的公告

现批准《特细砂混凝土应用技术规程》为安徽省土木建筑学会工程建设团体标准（统一编号：T/CASA 0007—2022），该标准自 2022年12月31日起实施。

该标准由安徽省土木建筑学会组织出版发行。

安徽省土木建筑学会
2022年9月01日

前　　言

根据安徽省土木建筑学会文件《关于批准学会 2020 年第一批团体标准立项的通知》（皖建学字〔2020〕7 号）下达的任务要求，结合《安徽省土木建筑学会标准管理办法（暂行)》规定，规程编制组经广泛调查研究、认真总结生产实践经验，参考有关国家、行业及地方标准，并在广泛、充分征求意见的基础上，编制《特细砂混凝土应用技术规程》。

本规程共分 8 章。其主要技术内容包括：总则、术语和符号、基本规定、特细砂、混凝土性能、配合比、生产与施工、质量检验与验收。

本规程由安徽省土木建筑学会归口管理，委托安徽建工建材科技集团有限公司负责具体技术内容的解释。本规程在执行过程中如有意见或建议，请将相关意见、建议和有关资料反馈至安徽建工建材科技集团有限公司（地址：安徽省合肥市芜湖路 325 号，邮编：230001，电话：0551－66186630、电子邮箱：476424446@qq.com），以供今后修订时参考。

本规程主编单位：安徽建工建材科技集团有限公司

合肥市建筑质量安全监督站

安徽省建筑工程质量监督检测站有限公司

合肥市日月新型材料有限公司

合肥市天成混凝土有限公司

安徽建筑大学

本规程参编单位：安徽省建筑业协会混凝土分会

安徽誉诚新型建材有限公司

合肥天鑫新型建材有限公司

合肥天柱包河特种混凝土有限公司

黄山中汇实业有限公司

合肥市烟墩新型建材有限公司

中建商品混凝土安徽有限公司

合肥市龙岗混凝土有限公司

安徽石强新型材料有限公司

安徽东强新型节能建材有限公司

安徽瑞特新型材料有限公司

安徽建工新材料科技有限公司

合肥东凯新型建材有限公司

安徽省三和混凝土有限公司

安徽阜阳恒昌鑫和商品混凝土有限公司

本规程主要起草人： 刘晓东　廖绍锋　李志标　刘　刚
　　　　　　　　　　　钱　勇　汪其兵　翟红侠　荆　喆
　　　　　　　　　　　胡晓曼　杨德云　王传宝　沈　骥
　　　　　　　　　　　朱家国　曹　勇　袁自运　李小刚
　　　　　　　　　　　潘正辉　夏大回　陈小峰　牛永胜
　　　　　　　　　　　许　炜　朱明欢　陈德应　姚　硕
　　　　　　　　　　　谭园园　胡忠楠　乔尚引　薛　荣
　　　　　　　　　　　侯宝生　曹小军　刘辉强　刘苑嘉

本规程审查专家： 杨长辉　詹炳根　章家海　梁德江
　　　　　　　　　　任　海

目　　次

Contents

1 总　则

1.0.1 为合理利用特细砂资源，提高特细砂混凝土生产技术管理水平，规范特细砂在混凝土生产中的应用，保证特细砂混凝土生产及工程质量，制定本规程。

1.0.2 本规程适用于安徽省区域内一般工业与民用建筑、市政基础设施工程中特细砂混凝土的原材料质量控制、混凝土性能要求、配合比设计、生产与施工、质量检验与验收。

1.0.3 特细砂混凝土的应用除应符合本规程外，尚应符合有关法律、法规的规定及国家、行业和安徽省现行相关标准的规定。

2 术语和符号

2.1 术语

2.1.1 特细砂　super‒fine sand

细度模数为 0.7～1.5 的天然砂。

2.1.2 胶凝材料　binder

混凝土中水泥和活性矿物掺合料的总称。

2.1.3 特细砂混凝土　super‒fine sand concrete

全部使用特细砂作为细骨料配制的水泥混凝土。

2.1.4 砂浆剩余系数　residual coefficient of mortar

特细砂混凝土中砂浆体积与粗集料在自然状态下空隙体积的比值。

2.1.5 预拌混凝土　ready‒mixed concrete

在搅拌站（楼）生产的、通过运输设备送至使用地点的、交货时为拌合物的混凝土。

2.1.6 塑性特细砂混凝土　plastic super‒fine sand concrete

拌合物坍落度为 10～90mm 的特细砂混凝土。

2.1.7 流动性特细砂混凝土　flowing super‒fine sand concrete

拌合物坍落度为 100～150mm 的特细砂混凝土。

2.1.8 大流动性特细砂混凝土　high flowing super‒fine sand concrete

拌合物坍落度不低于 160mm 的特细砂混凝土。

2.1.9 泵送混凝土　pump concrete

可在施工现场通过压力泵及输送管道进行浇筑的混凝土。

2.1.10 出厂检验　inspection at manufacturer

在特细砂混凝土出厂前混凝土生产企业对质量进行的检验。

2.1.11 交货检验　inspection at delivery place

混凝土需求方在交货地点对特细砂混凝土质量进行的检验。

2.2　符　号

μ_f——细度模数；

$f_{cu,0}$——特细砂混凝土配制强度（MPa）；

$f_{cu,k}$——混凝土立方体抗压强度标准值（MPa）；

$f_{cu,i}$——第 i 组的试件强度（MPa）；

f_b——胶凝材料 28d 胶砂抗压强度（MPa）；

f_{ce}——水泥 28d 胶砂抗压强度（MPa）；

$f_{ce,g}$——水泥强度等级值（MPa）；

m_{a0}——每立方米混凝土中外加剂用量（kg/m³）；

m_{b0}——每立方米混凝土中胶凝材料用量（kg/m³）；

m_{f0}——每立方米混凝土中矿物掺合料用量（kg/m³）；

m_{c0}——每立方米混凝土中水泥用量（kg/m³）；

m_{w0}——每立方米混凝土的用水量（kg/m³）；

m'_{w0}——未掺外加剂时推定的满足实际坍落度要求的每立方米混凝土用水量（kg/m³）；

m_{g0}——每立方米混凝土的粗骨料用量（kg/m³）；

m_{s0}——每立方米混凝土的细骨料用量（kg/m³）；

m_{fcu}——n 组试件的强度平均值（MPa）；

σ ——混凝土强度标准差（MPa）；

α ——混凝土的含气量百分数；

α_a，α_b ——回归系数；

γ_c ——水泥强度等级值的富余系数；

γ_f ——粉煤灰的影响系数；

γ_s ——粒化高炉矿渣粉的影响系数；

β ——外加剂的减水率（%）；

β_a ——外加剂掺量（%）；

β_f ——计算水胶比过程中确定的矿物掺合料掺量（%）；

β_s ——砂率（%）；

ρ_c ——水泥密度（kg/m³）；

ρ_f ——矿物掺合料密度（kg/m³）；

ρ_g ——粗骨料的表观密度（kg/m³）；

ρ_s ——细骨料的表观密度（kg/m³）；

ρ_w ——水的密度（kg/m³）；

K ——砂浆剩余系数；

P ——粗骨料的空隙率（%）；

W/B ——混凝土水胶比；

n ——试件组数。

3 基本规定

3.0.1 用于生产特细砂混凝土的原材料的质量及检验方法应符合本规程及国家、行业和安徽省现行相关标准的规定。

3.0.2 特细砂混凝土配合比设计可依据《普通混凝土配合比设计规程》JGJ 55 进行，遵循保证混凝土质量、经济合理、节约资源的原则，满足混凝土拌合物性能、力学性能、长期性能和耐久性能的设计要求。对抗裂性能有特殊要求时，应通过混凝土早期抗裂试验和收缩试验对设计配合比予以调整确认。

3.0.3 特细砂混凝土应选用泵送剂或减水剂，并依据《混凝土外加剂应用技术规范》GB 50119 进行外加剂与胶凝材料的相容性试验。

3.0.4 特细砂混凝土强度等级不宜超过 C50。

3.0.5 特细砂混凝土的拌合物性能、力学性能、长期性能和耐久性能应符合现行国家标准《混凝土质量控制标准》GB 50164、《混凝土结构设计规范》GB 50010 及《混凝土结构耐久性设计标准》GB/T 50476 等的规定。

4 特细砂

4.1 质量要求

4.1.1 特细砂的细度模数 μ_f 应符合 0.7～1.5 的范围。

4.1.2 特细砂的含泥量应符合表 4.1.2 的规定。

表 4.1.2 含泥量

混凝土强度等级	C50～C30	≤C25
含泥量（按质量计,%）	≤3.0	≤5.0

对有抗冻、抗渗或其他特殊要求的强度等级小于或等于 C25 的混凝土用砂，其含泥量不应大于 3.0%。

4.1.3 特细砂的泥块含量应符合表 4.1.3 的规定。

表 4.1.3 泥块含量

混凝土强度等级	C50～C30	≤C25
泥块含量（按质量计,%）	≤1.0	≤2.0

对有抗冻、抗渗或其他特殊要求的强度等级小于或等于 C25 的混凝土用砂，其泥块含量不应大于 1.0%。

4.1.4 特细砂的坚固性应采用硫酸钠溶液检验，试样经 5 次循环后，其质量损失应符合表 4.1.4 的规定。

表 4.1.4　坚固性指标

混凝土所处的环境条件及其性能要求	5 次循环后的质量损失（％）
在严寒及寒冷地区室外使用并经常处于潮湿或干湿交替状态下的混凝土； 对于有抗疲劳、耐磨、抗冲击要求的混凝土； 有腐蚀介质作用或经常处于水位变化的地下结构混凝土	≤8
其他条件下使用的混凝土	≤10

4.1.5　当砂中如含有云母、轻物质、有机物、硫化物及硫酸盐等有害物质时，其含量应符合表 4.1.5 的规定。

表 4.1.5　有害物质限值

项　　目	质量指标
云母含量（按质量计,％）	≤2.0
轻物质含量（按质量计,％）	≤1.0
硫化物及硫酸盐含量 （折算成 SO₃ 按质量计,％）	≤1.0
有机物含量（用比色法试验）	颜色不应深于标准色，当颜色深于标准色时，应按水泥胶砂强度试验方法进行强度对比试验，抗压强度比不应低于 0.95。

对于有抗冻、抗渗要求的混凝土，砂中云母含量不应大于 1.0％。

当砂中含有颗粒状的硫酸盐或硫化物杂质时，应进行专门检验，确认能满足混凝土耐久性要求后，方能采用。

4.1.6　对于长期处于潮湿环境的重要混凝土结构用砂，应采用砂浆棒（快速法）或砂浆长度法进行骨料的碱活性检验。经上述检验判断为有潜在危害时，应控制混凝土中的碱含量不超过 $3kg/m^3$，或采用能抑制碱-骨料反应的有效措施。

4.1.7 砂中氯离子含量应符合下列规定：

1 对于钢筋混凝土用砂，其氯离子含量不得大于 0.06％（以干砂的质量百分率计）；

2 对于预应力混凝土用砂，其氯离子含量不得大于 0.02％（以干砂的质量百分率计）。

4.2 试验方法

4.2.1 特细砂的筛分析试验按《普通混凝土用砂、石质量及检验方法标准》JGJ 52 测定。

4.2.2 特细砂的含泥量、泥块含量、坚固性、有害物质、碱活性试验按《普通混凝土用砂、石质量及检验方法标准》JGJ 52 测定。含泥量试验宜采用虹吸管法。

4.2.3 特细砂的氯离子含量可按本规程"附录 A 特细砂氯离子含量快速测定方法"测定，当对试验结果有异议时应按《普通混凝土用砂、石质量及检验方法标准》JGJ 52 测定。

4.3 验收规则

4.3.1 采用汽车运输的以 600t 为一验收批，当特细砂产地固定、质量比较稳定、进料量较大时可以 1000t 为一验收批。采用轮船运输的，可以一船为一验收批且每批不超过 2000t。

4.3.2 每验收批特细砂至少应进行颗粒级配、含泥量、泥块含量、氯离子含量检验。

4.3.3 特细砂取样、验收规定按《普通混凝土用砂、石质量及检验方法标准》JGJ 52 执行。

5 混凝土性能

5.1 拌合物性能

5.1.1 特细砂混凝土拌合物的坍落度和扩展度等级划分及允许偏差应符合现行国家标准《混凝土质量控制标准》GB 50164 的规定。

5.1.2 特细砂混凝土拌合物的工作性能应满足工程设计和施工要求；用于泵送的特细砂混凝土拌合物坍落度经时损失应不大于 30mm/h。

5.1.3 特细砂混凝土拌合物中水溶性氯离子含量实测值应符合现行国家标准《混凝土质量控制标准》GB 50164 的规定。

5.2 力学性能

5.2.1 特细砂混凝土的强度等级宜划分为：C15、C20、C25、C30、C35、C40、C45 和 C50。

5.2.2 特细砂混凝土其他力学性能应符合设计要求和有关标准规定。

5.3 长期性能和耐久性能

5.3.1 特细砂混凝土的早期抗裂性能应符合设计要求。

5.3.2 特细砂混凝土的收缩和徐变性能应符合设计要求。

5.3.3 特细砂混凝土的抗冻、抗渗、抗硫酸盐侵蚀、抗氯离子渗透、抗碳化等耐久性能应符合设计要求；当设计无要求时，特细砂混凝土耐久性能应符合现行国家标准《混凝土结构耐久性设计标准》GB/T 50476 的规定。

5.3.4 特细砂混凝土的总碱含量应符合现行国家标准《混凝土结构设计规范》GB 50010 的规定。当可能存在碱骨料反应危害时，特细砂混凝土应符合现行国家标准《预防混凝土碱骨料反应技术规范》GB/T 50733 的规定。

6 配合比

6.1 一般规定

6.1.1 不同环境作用等级、不同设计使用年限及不同强度等级的特细砂混凝土对应的最大水胶比应符合现行国家标准《混凝土结构耐久性设计标准》GB/T 50476 的规定。

6.1.2 特细砂混凝土的最小胶凝材料用量应按现行国家标准《普通混凝土配合比设计规程》JGJ 55 中的规定增加，增加量不宜小于 $30kg/m^3$，用水量不宜超过 $200kg/m^3$。

6.1.3 在采用相同细度模数的特细砂配制混凝土时，砂率宜在塑性特细砂混凝土的基础上适当提高，且不宜超过 30%。

6.1.4 特细砂混凝土宜选用普通硅酸盐 42.5 级水泥，宜掺用粉煤灰、粒化高炉矿渣粉等矿物掺合料。掺合料掺量应通过试验确定，同时应符合现行国家标准《普通混凝土配合比设计规程》JGJ 55 中的规定。

6.1.5 有特殊要求的混凝土，水泥用量不宜大于 $500kg/m^3$，最大水胶比、最小胶凝材料用量、矿物掺合料最大掺量应符合现行国家标准《普通混凝土配合比设计规程》JGJ 55 中的规定。

6.1.6 特细砂混凝土中所用外加剂的品种与掺量应根据生产、运输、施工及环境气温等因素通过试验确定，选用的外加剂应进行与胶凝材料的相容性试验，并应符合现行国家标准《混凝土外加剂应用技术规范》GB 50119 的规定。

6.1.7 当特细砂混凝土原材料的品种或质量有显著变化，或对混凝土性能指标提出特殊要求，或混凝土生产间隔半年以上时，应重新进行混凝土配合比设计。

6.2 塑性特细砂混凝土

6.2.1 特细砂混凝土配制强度应按式（6.2.1）计算确定：

$$f_{cu,0} \geqslant f_{cu,k} + 1.645\sigma \qquad (6.2.1)$$

式中：$f_{cu,0}$——特细砂混凝土配制强度（MPa）；

$f_{cu,k}$——混凝土立方体抗压强度标准值，这里取混凝土的设计强度等级值（MPa）；

σ——混凝土强度标准差（MPa）。

6.2.2 混凝土强度标准差应按照下列规定确定：

1 当具有近 1～3 个月的同一品种、同一强度等级的特细砂混凝土强度统计资料，且试件组数不小于 30 时，其强度标准差 σ 应按式（6.2.2）计算：

$$\sigma = \sqrt{\frac{\sum_{i=1}^{n} f_{cu,i}^2 - n\, m_{f_{cu}}^2}{n-1}} \qquad (6.2.2)$$

式中：$f_{cu,i}$——第 i 组的试件强度（MPa）；

$m_{f_{cu}}$——n 组试件的强度平均值（MPa）；

n——试件组数。

对于强度等级不大于 C30 的特细砂混凝土，当混凝土强度标准差计算值不小于 3.0 MPa 时，应按式（6.2.2）计算结果取值；当混凝土强度标准差计算值小于 3.0MPa 时，应取 3.0MPa。

对于强度等级大于 C30 且小于等于 C50 的特细砂混凝土，当混凝土强度标准差计算值不小于 4.0MPa 时，应按式（6.2.2）计算结果取值；当混凝土强度标准差计算值小于 4.0MPa 时，应取 4.0MPa。

2 当没有近期的同一品种、同一强度等级特细砂混凝土强度统计资料时，其强度标准差 σ 可根据表 6.2.2 取值。

表 6.2.2　标准差 σ 值（MPa）

混凝土强度标准值	≤C20	C25～C45	C50
σ	4.0	5.0	6.0

6.2.3　水胶比

水胶比宜按式（6.2.3－1）计算：

$$W/B=\frac{\alpha_a f_b}{f_{cu,0}+\alpha_a\alpha_b f_b} \qquad (6.2.3-1)$$

式中：α_a，α_b——回归系数，可按照下列规定取值。

1 根据生产所使用的原材料，通过试验建立的水胶比与混凝土强度关系式来确定；

2 当不具备上述试验统计资料且采用碎石拌制混凝土时，α_a 值可选用 0.53，α_b 值可选用 0.20。

f_b——胶凝材料 28d 胶砂抗压强度（MPa），可实测，且试验方法应按现行国家标准《水泥胶砂强度检验方法（ISO 法）》GB/T 17671 执行。

当矿物掺合料为粉煤灰和粒化高炉矿渣粉且无实测值时，可按式（6.2.3－2）计算：

$$f_b=\gamma_f \cdot \gamma_s \cdot f_{ce} \qquad (6.2.3-2)$$

式中：γ_f，γ_s——粉煤灰、粒化高炉矿渣粉的影响系数，可按表 6.2.3 选用；

f_{ce}——水泥 28d 胶砂抗压强度（MPa），可实测，也可按式（6.2.3-3）计算：

$$f_{ce} = \gamma_c \cdot f_{ce,g} \qquad (6.2.3-3)$$

式中：γ_c——水泥强度等级值的富余系数，可按实际统计资料确定；无统计资料时，水泥强度等级值为 42.5 时可按 1.16 取值，水泥强度等级值为 52.5 时可按 1.10 取值。

$f_{ce,g}$——水泥强度等级值（MPa）。

表 6.2.3　粉煤灰影响系数 γ_f 和粒化高炉矿渣粉影响系数 γ_s

掺量（%） \ 种类	γ_f	γ_s
0	1.00	1.00
10	0.85～0.95	1.00
20	0.75～0.85	0.95～1.00
30	0.65～0.75	0.90～1.00
40	0.55～0.65	0.80～0.90
50	—	0.70～0.85

注：① 采用Ⅰ级、Ⅱ级粉煤灰宜取上限值。

② 采用 S75 级粒化高炉矿渣粉宜取下限值；采用 S95 级粒化高炉矿渣粉宜取上限值；采用 S105 级粒化高炉矿渣粉可取上限值加 0.05。

③ 当超出表中的掺量时，粉煤灰和粒化高炉矿渣粉影响系应经试验确定。

6.2.4　用水量和外加剂用量

1　用水量

每立方米塑性混凝土的用水量（m_{w0}）应按下列方法确定：

1）混凝土水胶比在 0.30～0.70 范围时，可按表 6.2.4 选取；

超出范围时可通过试验确定。

2）根据施工要求的混凝土拌合物坍落度、坍落扩展度、骨料品种和最大公称粒径可按表 6.2.4 选取立方米混凝土的拌合用水量；超出范围时可通过试验确定。

表 6.2.4　特细砂混凝土用水量（kg/m³）

拌合物稠度		碎石最大公称粒径（mm）		
项目	指标	10.0	20.0	31.5
坍落度（mm）	10～30	190～200	185～190	180～185
	35～50	200～210	195～200	190～195
	55～70	210～220	205～215	200～210
	75～90	220～230	215～225	210～220

注：① 表中所列数据是细度模数为 0.80～1.00 的特细砂配制塑性混凝土的用水量，当特细砂细度模数小于 0.80 时，用水量取上限值；当特细砂细度模数大于 1.00 时，用水量取下限值。

② 掺用矿物掺合料和外加剂时，用水量应相应调整。

2　外加剂

1）掺外加剂时，每立方米塑性混凝土的用水量（m_{w0}）可按式（6.2.4-1）计算：

$$m_{w0} = m'_{w0}（1-\beta）　　　　（6.2.4-1）$$

式中：m_{w0}——计算配合比每立方米混凝土的用水量（kg/m³）；

m'_{w0}——未掺外加剂时推定的满足实际坍落度要求的每立方米混凝土用水量（kg/m³）；

β——外加剂的减水率（％），应经混凝土试验确定。

2）每立方米混凝土中外加剂用量（m_{a0}）应按式（6.2.4-2）计算：

$$m_{a0} = m_{b0} \beta_a \qquad (6.2.4-2)$$

式中：m_{a0}——每立方米混凝土中外加剂用量（kg/m³）；

$\quad\quad$ m_{b0}——每立方米混凝土中胶凝材料用量（kg/m³）；

$\quad\quad$ β_a——外加剂掺量（％），应经试验确定。

6.2.5 胶凝材料、矿物掺合料和水泥用量

1 胶凝材料用量（m_{b0}），应按式（6.2.5-1）计算，并应进行试拌调整，保证拌合物性能符合施工及其他要求：

$$m_{b0} = \frac{m_{w0}}{W/B} \qquad (6.2.5-1)$$

式中：m_{b0}——计算配合比每立方米混凝土中胶凝材料用量（kg/m³）；

$\quad\quad$ m_{w0}——计算配合比每立方米混凝土的用水量（kg/m³）；

$\quad\quad$ W/B——混凝土水胶比。

2 每立方米混凝土的矿物掺合料用量（m_{f0}）应按式（6.2.5-2）计算：

$$m_{f0} = m_{b0} \beta_f \qquad (6.2.5-2)$$

式中：m_{f0}——每立方米混凝土中矿物掺合料用量（kg/m³）；

$\quad\quad$ β_f——计算水胶比过程中确定的矿物掺合料掺量（％）。

3 每立方米混凝土中的水泥用量应按式（6.2.5-3）计算：

$$m_{c0} = m_{b0} - m_{f0} \qquad (6.2.5-3)$$

式中：m_{c0}——每立方米混凝土中水泥用量（kg/m³）。

6.2.6 特细砂混凝土的砂率

1 砂率（β_s）应根据骨料的技术指标、混凝土拌合物性能和施工要求，参考既有历史资料确定。

2 当缺乏砂率的历史资料时，混凝土砂率的确定应符合下列

规定：

（1）坍落度为 30～50mm 的特细砂混凝土砂率，可根据粗骨料最大公称粒径及水胶比按表 6.2.6 选取；

（2）坍落度小于 30mm、大于 50mm 的特细砂混凝土砂率可经试验确定，也可在表 6.2.6 的基础上，按坍落度每增大（减小）20mm、砂率增大（减小）1% 的幅度予以调整。

表 6.2.6　特细砂混凝土砂率 （%）

水胶比	碎石最大公称粒径（mm）		
（W/B）	10.0	20.0	31.5
0.40	15～22	16～22	16～22
0.50	20～26	20～26	20～26
0.60	23～29	23～29	23～29
0.70	25～31	25～30	25～30

注：本表所列砂率是按碎石空隙率为 40%～44% 时计算所得。在选用时，粗骨料的空隙率偏下限时，砂率宜选下限值；当粗骨料的空隙率偏上限时，砂率宜选上限值。

6.2.7　特细砂混凝土砂浆剩余系数

按粗骨料的规格和特细砂混凝土拌合物的坍落度，按照表 6.2.7 选取砂浆剩余系数 K。

表 6.2.7　特细砂混凝土砂浆剩余系数

混凝土坍落度	粗骨料规格		
	5～10	5～20	5～31.5
10～30mm	1.35～1.40	1.25～1.30	1.20～1.25
35～50mm	1.40～1.45	1.30～1.35	1.25～1.30

混凝土坍落度	粗骨料规格		
	5～10	5～20	5～31.5
55～70mm	1.45～1.50	1.35～1.40	1.30～1.35
75～90mm	1.50～1.55	1.40～1.45	1.35～1.40

6.2.8　粗、细骨料用量

1　当采用体积法计算混凝土配合比时，粗、细骨料用量和砂率应按式（6.2.8-1）、式（6.2.8-2）计算：

$$\frac{m_{c0}}{\rho_c}+\frac{m_{f0}}{\rho_f}+\frac{m_{g0}}{\rho_g}+\frac{m_{s0}}{\rho_s}+\frac{m_{w0}}{\rho_w}+0.01\alpha=1 \qquad (6.2.8-1)$$

$$\beta_s=\frac{m_{s0}}{m_{g0}+m_{s0}}\times100\% \qquad (6.2.8-2)$$

式中：m_{g0}——计算配合比混凝土的粗骨料用量（kg/m³）；

$\quad\quad m_{s0}$——计算配合比混凝土的细骨料用量（kg/m³）；

$\quad\quad \beta_s$——砂率（%）；

$\quad\quad \rho_c$——水泥密度（kg/m³）；

$\quad\quad \rho_f$——矿物掺合料密度（kg/m³）；

$\quad\quad \rho_g$——粗骨料的表观密度（kg/m³）；

$\quad\quad \rho_s$——细骨料的表观密度（kg/m³）；

$\quad\quad \rho_w$——水的密度（kg/m³），可取 1000kg/m³；

$\quad\quad \alpha$——混凝土的含气量百分数，在不使用引气剂或引气型外加剂时，α 可取为 1，使用引气剂或引气型外加剂时应经试验确定。

2　采用砂浆剩余系数计算粗、细骨料用量时，可按式（6.2.8-3）、式（6.2.8-4）计算：

$$m_{g0} = \frac{1000}{1 + K \cdot \dfrac{P}{1-P}} \times \rho_g \qquad (6.2.8-3)$$

$$m_{s0} = \left(1000 - \frac{m_{g0}}{\rho_g} - \frac{m_{c0}}{\rho_c} - \frac{m_{f0}}{\rho_f} - \frac{m_{w0}}{\rho_w}\right) \times \rho_s \quad (6.2.8-4)$$

式中：K——砂浆剩余系数；

P——粗骨料的空隙率（%）。

6.2.9 配合比的试配、调整与确定

塑性特细砂混凝土试配、调整与确定应按现行行业标准《普通混凝土配合比设计规程》JGJ 55 规定的方法进行。

7 生产与施工

7.1 一般规定

7.1.1 特细砂混凝土的施工应符合现行国家标准《混凝土结构工程施工规范》GB 50666 和《混凝土质量控制标准》GB 50164 的有关规定。

7.1.2 混凝土供应单位应在提供特细砂混凝土前，向施工单位进行技术交底和产品说明。

7.1.3 施工单位应在施工前，根据设计要求、工程性质、结构特点和环境条件、混凝土供应单位的技术交底和产品说明等，制定特细砂混凝土施工技术方案。

7.1.4 当风速大于 3.0m/s 时，特细砂混凝土浇筑及养护期间应采取挡风措施。

7.2 混凝土生产

7.2.1 原材料称量宜采用自动计量，严格按照施工配合比进行。每盘原材料计量的允许偏差应符合表 7.2.1 的规定。

表 7.2.1 每盘原材料计量的允许偏差

原材料品种	水泥	细骨料	粗骨料	水	矿物掺合料	外加剂
每盘计量允许偏差（%）	±2	±3	±3	±1	±2	±1

原材料品种	水泥	细骨料	粗骨料	水	矿物掺合料	外加剂
累计计量允许偏差（%）	±1	±2	±2	±1	±1	±1

7.2.2 特细砂、粗骨料含水率的检验应每工作班不少于1次；当雨雪天气等外界影响导致混凝土骨料含水率变化时，应及时检验，并应根据检验结果及时调整施工配合比。

7.2.3 混凝土搅拌机应符合现行国家标准《建筑施工机械与设备 混凝土搅拌站（楼）》GB/T 10171 的有关规定。

7.2.4 特细砂混凝土的坍落度允许偏差应符合表7.2.4的规定。

表 7.2.4　坍落度允许偏差

坍落度（mm）	允许偏差（mm）
≤40	±10
50～90	±20
≥100	±30

7.2.5 坍落度大于220mm 的特细砂混凝土，可根据需要测定其坍落扩展度，扩展度的允许偏差为±30。

7.2.6 采用泵送施工的特细砂混凝土，应符合现行行业标准《混凝土泵送施工技术规程》JGJ/T 10 的有关规定，并应能保证混凝土的连续泵送。

7.2.7 混凝土运至浇筑地点，坍落度不符合施工要求时，应根据情况调整。可在运输车罐内添加适量高效减水剂母液，高效减水剂母液组成和性能应与生产混凝土用外加剂母液一致；限制二次添加高效减水剂母液的次数，不宜超过两次；添加量应根据生产单位的经验确定。

7.3 混凝土施工

7.3.1 特细砂混凝土浇筑时的自由倾落高度不应大于 3m，当大于 3m 时，应采用滑槽、漏斗、串筒等器具辅助输送混凝土。

7.3.2 特细砂混凝土浇筑时，应在平面内均匀布料，不得用振捣棒赶料。

7.3.3 对于高等级和大流动性的特细砂混凝土，布料厚度不应大于 300mm。

7.3.4 特细砂混凝土在浇筑前，应清除模板内或垫层上的杂物，表面干燥的地基、垫层、模板上应洒水湿润；现场环境温度高于 35℃时应对模板进行洒水降温，洒水后不得留有积水。在浇筑过程中，应观察模板支撑的稳定性和接缝的密合状态，不得出现漏浆现象。

7.3.5 特细砂混凝土浇筑宜连续进行，拌合物出机至施工现场接收的时间间隔不宜大于 90min。

7.3.6 特细砂混凝土振捣密实后，在终凝前应采用机械抹面或人工多次抹压，抹压后及时覆盖。

7.3.7 特细砂混凝土抗压强度达到 1.2MPa 前，不应承受行人、运输工具、模板、支架及脚手架等荷载。

7.3.8 特细砂混凝土侧模拆除时，混凝土抗压强度应符合设计要求；当设计无要求时，侧模强度要保证其表面与棱角不受损伤。

7.3.9 特细砂混凝土底模拆除时，混凝土强度应符合设计要求；当设计无要求时，抗压强度应符合表 7.3.9 的规定。

表 7.3.9　底模拆除时混凝土强度

结构类型	结构跨度（m）	达到混凝土设计强度的百分比（%）
板	≤2	≥50
	>2，≤8	≥75
	>8	≥100
梁、拱、壳	≤8	≥75
	>8	≥100
悬臂构件	—	≥100

7.3.10　当遇大风或气温急剧变化时，不应拆模。

7.3.11　现浇特细砂混凝土的养护应符合下列规定：

1　对于采用硅酸盐水泥、普通硅酸盐水泥或矿渣硅酸盐水泥配置的混凝土，采用洒水和潮湿覆盖的养护时间不得少于 7d。

2　对于采用粉煤灰硅酸盐水泥、火山灰硅酸盐水泥或复合硅酸盐水泥配制的混凝土，或掺加缓凝剂的混凝土，以及大掺量矿物掺合料的混凝土，采用保温保湿养护的养护时间不得少于 14d。

3　对于竖向混凝土结构，带模养护时间宜适当延长，其他结构可以采取薄膜覆盖、喷涂养护剂等方式加强养护。

7.3.12　特细砂混凝土构件或制品的养护应符合下列规定：

1　采用蒸汽养护或湿热养护时，养护时间和养护制度应满足混凝土及其制品性能的要求。

2　采取潮湿自然养护时，应符合本标准 7.3.11 条的规定。

7.3.13　大体积特细砂混凝土入模温度不宜大于 30℃；混凝土浇筑体最大温升值不宜大于 50℃。

7.3.14　大体积混凝土养护过程中应进行温度控制，混凝土内部和表面的温差不宜超过 25℃，表面与外界温差不宜大于 20℃；保温层拆除时，混凝土表面与环境温差不宜大于 20℃。

7.3.15 特细砂混凝土冬季施工时，日均气温低于 5℃时，不得采用洒水自然养护方法；当混凝土强度达到设计强度等级的 50％时，方可撤除养护措施。

8 质量检验与验收

8.1 原材料质量检验

8.1.1 特细砂的检验项目应包括细度模数、含泥量、泥块含量、氯离子含量，试验方法应符合《普通混凝土用砂、石质量及检验方法标准》JGJ 52 的规定，氯离子含量可采用附录 A 的试验方法。

8.1.2 水泥密度应按现行国家标准《水泥密度测定方法》GB/T 208 测定，也可取 2900～3100kg/m³；矿物掺合料密度应按现行国家标准《水泥密度测定方法》GB/T 208 测定；粗骨料的表观密度应按现行行业标准《普通混凝土用砂、石质量及检验方法标准》JGJ 52 测定；细骨料的表观密度应按现行行业标准《普通混凝土用砂、石质量及检验方法标准》JGJ 52 测定；外加剂按现行国家标准《混凝土外加剂》GB 8076 和《混凝土外加剂应用技术规范》GB 50119 等有关标准的规定检测。

8.1.3 其他原材料的检验规则按照现行国家标准《混凝土质量控制标准》GB 50164 和《混凝土结构工程施工质量验收规范》GB 50204 等有关标准的规定执行。

8.2 拌合物性能检验

8.2.1 出厂检验应在混凝土搅拌完成后对混凝土拌合物进行出厂抽样检验，交货检验应在浇筑地点对混凝土拌合物进行交货抽样检验。拌合物性能检验应包括混凝土坍落度及含气量等。当判断混凝土质量是否符合要求时，其坍落度及含气量应以交货检验结果为依据。

8.2.2 混凝土拌合物的取样检验频率应符合现行国家标准《预拌混凝土》GB/T 14902 和《混凝土结构工程施工质量验收规范》GB 50204 的规定。

8.2.3 特细砂混凝土拌合物性能应符合本规程 5.1 节的规定。特细砂混凝土拌合物的工作性能试验方法应符合现行国家标准《普通混凝土拌合物性能试验方法标准》GB/T 50080 的规定。

8.3 力学性能检验

8.3.1 特细砂混凝土力学性能的试验方法应按现行国家标准《普通混凝土力学性能试验方法标准》GB/T 50081 的规定进行，并在混凝土出厂和交货验收时分别制作相应的混凝土试件。

8.3.2 特细砂混凝土抗压强度的检验应符合现行国家标准《预拌混凝土》GB/T 14902 和《混凝土强度检验评定标准》GB/T 50107 的规定，其他力学性能应符合设计要求和有关标准的规定。当判断混凝土质量是否符合要求时，其强度应以交货检验结果为依据。

8.4 长期性能和耐久性能检验

8.4.1 特细砂混凝土长期性能和耐久性能试验方法应符合现行国家标准《普通混凝土长期性能和耐久性能试验方法标准》GB/T 50082 的规定。

8.4.2 特细砂混凝土碱含量应符合现行国家标准《混凝土结构设计规范》GB 50010、《预防混凝土碱骨料反应技术规范》GB/T 50733 和现行行业标准《普通混凝土配合比设计规程》JGJ 55 的规定。

8.5 混凝土工程验收

8.5.1 特细砂混凝土抗压强度检验评定应符合现行国家标准《混凝土强度检验评定标准》GB/T 50107 的规定。

8.5.2 特细砂混凝土长期性能和耐久性能的检验评定应符合现行行业标准《混凝土耐久性检验评定标准》JGJ/T 193 的规定。

8.5.3 有特殊要求的其他试验项目的检测结果应符合合同规定和《预拌混凝土》GB/T 14902 的规定。

8.5.4 特细砂混凝土的工程施工质量验收应符合现行国家标准《混凝土结构工程施工质量验收规范》GB 50204 的规定。

附录 A 特细砂氯离子含量快速测定方法

A.1 范围

本附录适用于特细砂氯离子的快速测定。

A.2 原理

使用氯离子含量快速测定仪测定特细砂配制溶液的氯离子。

A.3 仪器设备

A.3.1 烘箱：温度控制范围（105±5）℃。

A.3.2 氯离子含量快速测定仪：采用离子选择电极法（ISE法）的快速测定仪。

A.3.3 广口瓶（1000ml）、烧杯。

A.4 试验步骤

A.4.1 称取缩分后试样约1100g，放在烘箱中（105±5）℃下烘干至恒重，待冷却至室温后，平均分为2份备用。

A.4.2 称取试样500g，将试样倒入广口瓶中。称取500ml蒸馏水倒入广口瓶中，塞上塞子。摇动5分钟，放置2小时，如此循环3次，使氯盐充分溶解。

A.4.3 取适量上清液置于烧杯中，根据烧杯大小，至少没过测量电极下端20mm处。然后按照仪器操作步骤快速测定氯离子含量，直接读取数值，结果以质量百分比计。

本规程用词说明

1 为了便于在执行本规程条文时区别对待，对要求严格程度不同的用词说明如下：

1）表示很严格，非这样做不可的：

正面词采用"须"或者"必须"，反面词采用"严禁"。

2）表示严格，在正常情况下均应这样做的：

正面词采用"应"，反面词采用"不应"或"不得"。

3）表示允许稍有选择，在条件许可时首先应这样做的：

正面词采用"宜"，反面词采用"不宜"；

4）表示有选择，在一定条件下可以这样做的，采用"可"。

2 规程中指明应按其他有关标准执行时，写法为："应符合……的规定（或要求）"或"应按……执行"。

引用标准名录

1 《通用硅酸盐水泥》GB 175

2 《中热硅酸盐水泥、低热硅酸盐水泥》GB/T 200

3 《水泥密度测定方法》GB/T 208

4 《用于水泥和混凝土中的粉煤灰》GB/T 1596

5 《混凝土外加剂》GB 8076

6 《建筑施工机械与设备 混凝土搅拌站（楼）》GB/T 10171

7 《建设用砂》GB/T 14684

8 《建设用卵石、碎石》GB/T 14685

9 《预拌混凝土》GB/T 14902

10 《水泥胶砂强度检验方法（ISO 法）》GB/T 17671

11 《用于水泥、砂浆和混凝土中的粒化高炉矿渣粉》GB/T 18046

12 《混凝土搅拌运输车》GB/T 26408

13 《混凝土结构设计规范》GB 50010

14 《普通混凝土拌合物性能试验方法标准》GB/T 50080

15 《普通混凝土力学性能试验方法标准》GB/T 50081

16 《普通混凝土长期性能和耐久性能试验方法标准》GB/T 50082

17 《混凝土强度检验评定标准》GB/T 50107

18 《混凝土外加剂应用技术规范》GB 50119

19 《混凝土质量控制标准》GB 50164

20 《混凝土结构工程施工质量验收规范》GB 50204

21 《混凝土结构耐久性设计标准》GB/T 50476

22《混凝土结构工程施工规范》GB 50666

23《预防混凝土碱骨料反应技术规范》GB/T 50733

24《混凝土泵送施工技术规程》JGJ/T 10

25《普通混凝土用砂、石质量及检验方法标准》JGJ 52

26《普通混凝土配合比设计规程》JGJ 55

27《混凝土用水标准》JGJ 63

28《建筑工程冬期施工规程》JGJ/T 104

29《混凝土耐久性检验评定标准》JGJ/T 193

30《预拌混凝土绿色生产及管理技术规程》JGJ/T 328

安徽省土木建筑学会标准

特细砂混凝土应用技术规程
T/CASA－0007－2022

条文说明

目 次

1 总 则

1.0.1 本条阐明了本标准编制的目的，即为了合理利用特细砂资源生产预拌混凝土，提高特细砂混凝土的生产应用水平，使特细砂在预拌混凝土中的应用规范化，以保证工程质量。

1.0.2 本条规定了本标准的适用范围。对安徽省区域内特细砂混凝土的原材料质量控制、混凝土性能要求、配合比设计、生产与施工、质量检验与验收可以使用本标准。

1.0.3 本条规定了本标准与其他标准、规范的关系。

3 基本规定

3.0.2 混凝土配合比设计应在满足配制强度和施工性能的前提下，兼顾其他力学性能、长期性能和耐久性能的要求。特细砂混凝土相比于普通混凝土的收缩更大，所以强调特细砂混凝土配合比设计应满足低收缩性能的要求。

3.0.4 特细砂的比表面积大，需水量大，且砂率对低水胶比混凝土的和易性、强度等性能影响显著，从技术和经济性方面考虑，特细砂不宜作为单独的细骨料配制 C50 及以上强度等级的混凝土。

4 特细砂

4.1 质量要求

4.1.1 特细砂的颗粒级配范围已经超出了 3 个区间范围，所以在此不做要求。

4.2 试验方法

4.2.1 特细砂筛分在单个筛上筛余集中度高，建议试样每份取 250g。

4.2.2 特细砂的细颗粒多，含泥量试验虹吸管法优于标准方法。

5 混凝土性能

5.1 拌合物性能

5.1.1 本条规定明确了特细砂混凝土拌合物工作性能的划分等级及所适用的现行国家标准。

5.1.2 特细砂混凝土采用泵送时,控制混凝土拌合物的坍落度损失速率对保证运输和泵送施工十分必要。实践表明,一般情况下应将坍落度经时损失控制在 30mm/h 内。

5.2 力学性能

5.2.1 本条规定明确了特细砂混凝土强度等级的划分。

5.3 长期性能和耐久性能

5.3.1~5.3.3 明确了特细砂混凝土长期性能的参数以及相关的适用标准。如国家现行标准《普通混凝土长期性能和耐久性能试验方法标准》GB/T 50082、《混凝土质量控制标准》GB 50164 等规范。

6 配合比

6.1 一般规定

6.1.1 控制最大水胶比和胶凝材料用量是保证混凝土耐久性能的重要手段，混凝土配合比设计的首要参数也是水胶比。现行国家标准《混凝土结构耐久性设计标准》GB/T 50476 对不同环境的混凝土最大水胶比做了详细规定。

6.1.2 特细砂混凝土特点是采用特细砂拌制混凝土，因特细砂较细砂、中砂和粗砂比表面积大，为改善特细砂混凝土的工作性能需要增加更多的胶凝材料。

6.1.3 流动性和大流动性特细砂混凝土需要良好的和易性和泵送性能，为满足泵送性能要求配制流动性和大流动性特细砂混凝土时需选择较塑性特细砂混凝土更大的砂率。

6.1.4 特细砂混凝土宜选用普通硅酸盐 42.5 级水泥，有特定要求的情况下也可选用矿渣硅酸盐水泥、复合水泥等有特殊性能的水泥。

6.1.5 特细砂比表面积大，保证强度和拌合物工作性能的条件下，其单位体积胶凝材料用量较大，过高胶凝材料用量会导致拌合物黏度增大，硬化混凝土收缩增大，干裂风险提高，因此要对胶凝材料用量加以限制。为保证特细砂混凝土的耐久性能，本条规定矿物掺合料的最大掺量应满足相关规定，同时矿物掺合料的实际掺量也应结合设计要求通过试验验证确认后确定。

6.1.6 由于外加剂的种类、混凝土用胶凝材料的组分及特细砂的相关技术性能指标的变化会导致外加剂与混凝土原材料的相容性变化，因此，用于特细砂混凝土的外加剂应通过外加剂与混凝土原材料相容性试验确认符合后用于拌制特细砂混凝土。

6.1.7 原材料质量发生显著变化是指诸如水泥胶砂强度、矿物掺合料活性、骨料级配品种、外加剂减水率等原材料相关技术性能指标发生明显改变。

6.2 塑性特细砂混凝土

6.2.1 本条内容与现行行业标准《普通混凝土配合比设计规程》JGJ 55 的 4.0.1 条规定一致。

6.2.2 本条内容与现行行业标准《普通混凝土配合比设计规程》JGJ 55 的 4.0.2 条规定一致。

6.2.3 混凝土强度公式中的回归系数与《普通混凝土配合比设计规程》JGJ 55 的取值一致，同时也可根据地方原材料特性进行系统试验、统计、验证获取最佳回归系数。

6.2.4 表 6.2.4 是未掺加外加剂的塑性特细砂混凝土的用水量，是经过多组试验验证的结果。掺加外加剂时，掺加后的用水量可在表6.2.4 的基础上通过试验进行调整。本节中的外加剂是指具有减水功能的外加剂。

6.2.5 本节的公式计算结果仅仅为初算的胶凝材料用量，实际采用的胶凝材料用量可根据试拌得出的实际用水量及综合拌合物性能做相应调整。

6.2.6 砂率对混凝土拌合物性能影响较大，因此，按本节选取的砂率仅供参考，需要在试配过程中调整后确定合理的砂率。

6.2.7 表 6.2.7 特细砂混凝土砂浆剩余系数的选取的条件设置为粗

骨料的规格和混凝土的坍落度，超出表中列出的坍落度范围的可采用插值法计算获得特细砂混凝土砂浆剩余系数。

6.2.8 混凝土配合比设计通常采用体积法，也可采用砂浆剩余系数法，后者对技术指标的要求略高。

6.2.9 本条内容明确了配合比的试配、调整与确定过程应按照《普通混凝土配合比设计规程》JGJ 55 规定的方法进行。

7 生产与施工

7.1 一般规定

7.1.1 本条规定了特细砂混凝土施工质量控制依据。

7.1.2 特细砂混凝土具有一定的特殊性，在使用前应向施工单位进行技术交底和产品说明。

7.1.3 施工单位应在施工前，制订特细砂混凝土施工技术方案，并向施工班组进行技术交底。

7.2 混凝土生产

7.2.1 精准称量原材料是控制特细砂混凝土质量的基本要求，每盘原材料计量的允许偏差应符合《混凝土质量控制标准》GB 50164 的相关规定。

7.2.2 特细砂混凝土的流动性与黏聚性对混凝土中用水量的变化比较敏感，应加强骨料含水率的检测。

7.2.6 特细砂混凝土的泵送施工难度较大，较易出现离析现象，施工中应保证混凝土的连续泵送。

7.2.7 本条明确了处理混凝土坍落度损失过大的正确处理方法。

7.3 混凝土施工

7.3.1 特细砂混凝土中细骨料与粗骨料粒径相差较大，因此规定自由倾落高度不应大于 3m，有利于避免离析现象的出现。

7.3.2 混凝土浇筑时的一般性规定。

7.3.3 高等级和流动性大的特细砂混凝土控制布料厚度，有利于控制收缩裂纹。

7.3.5 特细砂混凝土浇筑宜连续进行，因此间断时间应小于前层混凝土的初凝时间。

7.3.6 在终凝前应采用机械抹面或人工多次抹压，抹压后及时覆盖，有利于预防出现早起干缩裂纹。

7.3.7 本条依据现行国家标准《混凝土结构工程施工规范》GB 50666 的规定。

7.3.8 特细砂混凝土侧模拆除时，混凝土强度应符合设计要求；当设计无要求时，应符合现行国家标准《混凝土结构工程施工规范》GB 50666 的规定。

7.3.9 本条按现行国家标准《混凝土结构工程施工规范》GB 50666 的规定执行。

7.3.10 大风天气是指平均风速为 17.2～20.7m/s 或以上的风；气温急剧变化指气温急剧上升或降低。

7.3.11 特细砂混凝土养护时间建议在执行现行国家标准《混凝土结构工程施工规范》GB 50666 的规定基础上适当延长养护时间。

7.3.12 装配式混凝土结构在本地区已得到大力推广，有必要规定特细砂混凝土构件或制品的养护制度。

采用蒸汽养护时，应分为静停、升温、恒温和降温 4 个阶段。混凝土成型后的静停时间不宜少于 2h，升温速度不宜超过 25℃/h，降温速度不宜超过 20℃/h，最高温度和恒温温度均不宜超过 65℃；混凝土构件或制品在出池或撤除养护措施前，应测量构件表面温度，当表面温度与外界温差不大于 20℃ 时，方可使构件或制品出池或撤除养护措施。

7.3.13 本条内容与现行国家标准《混凝土结构工程施工规范》GB 50666 的规定一致。

7.3.14 本条内容与现行国家标准《混凝土质量控制标准》GB 50164 的规定一致。

7.3.15 本条内容与现行国家标准《混凝土质量控制标准》GB 50164 的规定一致。

8 质量检验与验收

8.1 原材料质量检验

8.1.1 本条规定了特细砂进场的检验项目。

8.1.2 本条规定了特细砂混凝土部分常用材料的检验规则。

8.1.3 本条规定了特细砂混凝土其他原材料的检验规则。

8.2 拌合物性能检验

8.2.1 本条规定了特细砂混凝土拌合物的抽样单位和抽样地点。特细砂混凝土质量的检验分为供货方的出厂检验与用货方的交货检验：出厂检验的取样和试验工作由生产预拌混凝土的供货方负责；交货检验的取样和试验工作由用货方承担，主要由施工单位、监理单位按规定在混凝土浇筑的工程部位随机取样和制样。

8.2.2 本条规定了特细砂混凝土拌合物的抽样检验频次。

8.2.3 本条规定了特细砂混凝土的拌合物性能应符合的质量要求。

8.3 力学性能检验

8.3.1 本条规定了特细砂混凝土力学性能试验依据。

8.3.2 本条规定了特细砂混凝土力学性能应符合的质量要求。

8.4 长期性能和耐久性能检验

8.4.1 本条规定了特细砂混凝土长期性能和耐久性能试验依据。

8.4.2 本条规定了特细砂混凝土碱骨料含量应符合的质量要求。

8.5 混凝土工程验收

8.5.1 本条规定了特细砂混凝土抗压强度的评定依据。

8.5.2 本条规定了特细砂混凝土长期性能和耐久性能的评定依据。

8.5.3 本条规定了特细砂混凝土有特殊要求的其他试验项目的检测结果应符合的质量要求。

8.5.4 本条规定了特细砂混凝土的工程质量验收依据。

图书在版编目（CIP）数据

特细砂混凝土应用技术规程/刘晓东主编．—合肥：合肥工业大学出版社，2023.3

ISBN 978-7-5650-6212-4

Ⅰ.①特…　Ⅱ.①刘…　Ⅲ.①特细砂混凝土—技术规范
Ⅳ.①TU528.56-65

中国国家版本馆 CIP 数据核字（2023）第 066544 号

安徽省土木建筑学会标准

特细砂混凝土应用技术规程

TEXISHA HUNNINGTU YINGYONG JISHU GUICHENG

T/CASA 0007—2022

刘晓东　主编　　　　　　　　责任编辑　张择瑞　殷文卓

出　版	合肥工业大学出版社	版　次	2023 年 3 月第 1 版
地　址	合肥市屯溪路 193 号	印　次	2023 年 3 月第 1 次印刷
邮　编	230009	开　本	889 毫米×1194 毫米　1/32
电　话	理工图书出版中心：0551-62903204	印　张	1.875
	营销与储运管理中心：0551-62903198	字　数	43 千字
网　址	www.hfutpress.com.cn	印　刷	安徽联众印刷有限公司
E-mail	hfutpress@163.com	发　行	全国新华书店

ISBN 978-7-5650-6212-4　　　　　　　　　　定价：10.00 元

如果有影响阅读的印装质量问题，请与出版社营销与储运管理中心联系调换。